上海市文教结合支持项目

爱上中国美

二十四节气
非遗美育
手工课

春

主编 章莉莉

前言

二十四节气是中国人对一年中自然物候变化所形成的知识体系，是农耕文明孕育的时间历法，2016 年被纳入联合国教科文组织的人类非物质文化遗产代表作名录。中国人在每个节气有特定的生活习俗，立春灯彩、清明风筝等，表达了对美好生活的向往。传统工艺是中国人的智慧体现和美学表达，在《考工记》《天工开物》等古籍中，我们看到传统工艺与自然的和谐共生。

中国式美育，要让孩子懂得中国文化，熟悉中国传统工艺，了解中国民间习俗。在润物细无声的一年光阴中，在二十四节气更替之际，让孩子们根据本书完成与节气相关的非遗手工，比如染织绣、竹编、造纸、风筝、擀毡、泥塑等，体会四季轮回和传统工艺之美，感悟日常生活、自然材料与传统工艺之间的关系。

24 个节气，24 项非遗。斗转星移，春去秋来。非遗传承，美学育人。希望在孩子们心里种一颗中华优秀传统文化的种子，使其生根发芽，朝气蓬勃。

上海大学上海美术学院副院长、教授
上海市公共艺术协同创新中心执行主任
章莉莉 2023 年 4 月

课程研发团队

课程策划： 章莉莉
学术指导： 汪大伟、金江波
课程指导： 夏寸草、姚舰、郑珊珊、柏茹、万蕾、汪超

课程研发： 蔡正语、陈淇琦、陈书凝、刁秋宇、丁弋洵、高婉茹、谷颖、何洲涛、黄洋、黄依菁、李姣姣、刘黄心怡、柳庭珺、吕宜峰、茅卓琪、盛怡瑶、石璐微、谭意、汤仪、王斌、温柔佳、杨李叶、朱艺芸、张姚真（按照姓名拼音排序）
课程摄影： 朱晔

特别感谢：
上海黄道婆纪念馆
上海徐行草编文化发展有限公司
上海市金山区吕巷镇社区党群服务中心
上海金山农民画院
江苏省南通蓝印花布博物馆
江苏省徐州市王秀英香包工作室
江苏省苏州市盛风苏扇艺术馆
山东省济宁市鲁班木艺研究中心
朱仙镇木版年画国家级非遗传承人任鹤林
白族扎染技艺国家级非遗传承人段银开
苗族蜡染技艺国家级非遗传承人杨芳
凤翔泥塑国家级非遗传承人胡新明
徐州香包省级非遗传承人王秀英
上海徐行草编市级非遗传承人王勤
山东济宁木工制作技艺市级非遗传承人马明文
北京兔儿爷非遗传承人胡鹏飞
上海罗店彩灯非遗传承人朱玲宝
山西布老虎非遗传承人杨雅琴

手工材料包合作单位：
杭州市余杭区蚂蚁潮青年志愿者服务中心
手工材料包研发团队：
李芸、莫梨雯、李洁、刘慧、曹秀琴、缪静静

课程手工材料包
请扫二维码：)

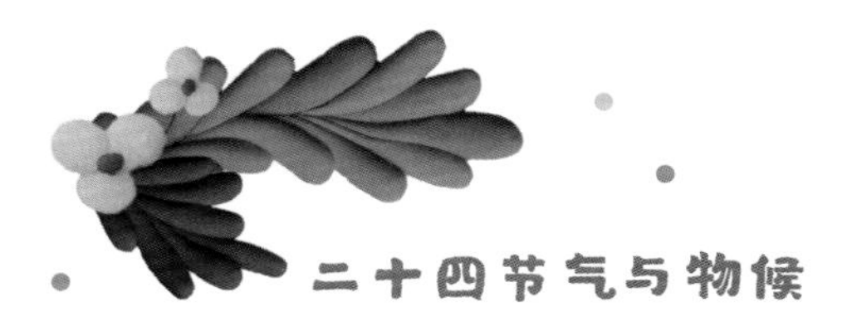

二十四节气与物候

物候是自然界中生物或非生物受气候和外界环境因素影响出现季节性变化的现象。例如，植物的萌芽、长叶、开花、结实、叶黄和叶落；动物的蛰眠、复苏、始鸣、繁育、迁徙等；非生物等的始霜、始雪、初冰、解冻和初雪等。我国古代以五日为候，三候为气，六气为时，四时为岁，一年有二十四节气七十二候。物候反映了气候和节令的变化，与二十四节气有密切的联系，是各节气起始和衔接的标志。

二十四节气与二十四番花信风

五日为候，三候为气。小寒、大寒、立春、雨水、惊蛰、春分、清明、谷雨这八个节气里共有二十四候，每候都有花卉应期盛开，应花期而吹来的风称作“信”。人们挑选在每一候内最具有代表性的植物作为“花信风”。于是便有了“二十四番花信风”之说。

四季之春
春雨惊春清谷天

立春 雨水 惊蛰 春分 清明 谷雨

春雨绵绵，鸟语花香，风儿吹醒了万物。春天是五彩斑斓的季节，绿了田野，红了大地，一片生机盎然的气象。一年之计在于春，让我们一起怀揣希望拥抱春天。

立春雨水至，惊蛰万物生，春分清明暖，润雨生百谷。春季的六个节气包括立春、雨水、惊蛰、春分、清明、谷雨。春季分册包含灯彩（上海灯彩）、白族扎染技艺、泥塑（凤翔泥塑）、木模戳印技艺、风筝制作技艺（潍坊风筝）等的非遗手工课程。大家动动小手，开动大脑，一起探索春天的奥妙吧！

目录

立春 华灯初上 新年彩灯制作课程 6
非遗 | 灯彩（上海灯彩）

雨水 春染知春 扎染画制作课程 14
非遗 | 白族扎染技艺

惊蛰 新年泥货 凤翔泥塑彩绘制作课程 22
非遗 | 泥塑（凤翔泥塑）

春分 春天花卉 木模戳印贺卡制作课程 30
非遗 | 木模戳印技艺

清明 纸鸢漫舞 风筝彩绘制作课程 38
非遗 | 风筝制作技艺（潍坊风筝）

谷雨 风调雨顺 小白龙纸翻花制作课程 46
非遗 | 小白龙信俗

立春

华灯初上

新年彩灯制作课程

立春节气　万物始生
华灯初上　福气满堂

立春是春季的第一个节气，在每年阳历 2 月 3 日至 5 日中的一天。“立”是“开始”的意思，立春是天文意义上春天的开始。立春之后，万物复苏、生机勃勃，四季交替周而复始。在立春期间，气温逐渐上升，日照、降雨也越来越多，立春拉开了春天的序幕。

立春分为三候：一候东风解冻，二候蛰虫始振，三候鱼陟负冰。意思是，这个时候东风送暖，大地开始慢慢解冻；蛰居了一个冬天的虫儿们在洞中缓缓苏醒；河里的冰开始融化，鱼儿在水里游动如同背负着水面的碎冰。

立春的许多习俗热闹有趣，很有仪式感。例如：鞭春牛迎春，打走春牛的懒惰，督促人们在春回大地之际，赶紧耕种；咬春，吃萝卜、姜、葱、面饼或春卷等；迎春，人们在春暖花开的日子里，外出踏春。

在春节与元宵节的氛围下，大街小巷张灯结彩。
小朋友们出门观灯会、闹花灯，
让我们一起来看看上海灯彩这项非遗吧！

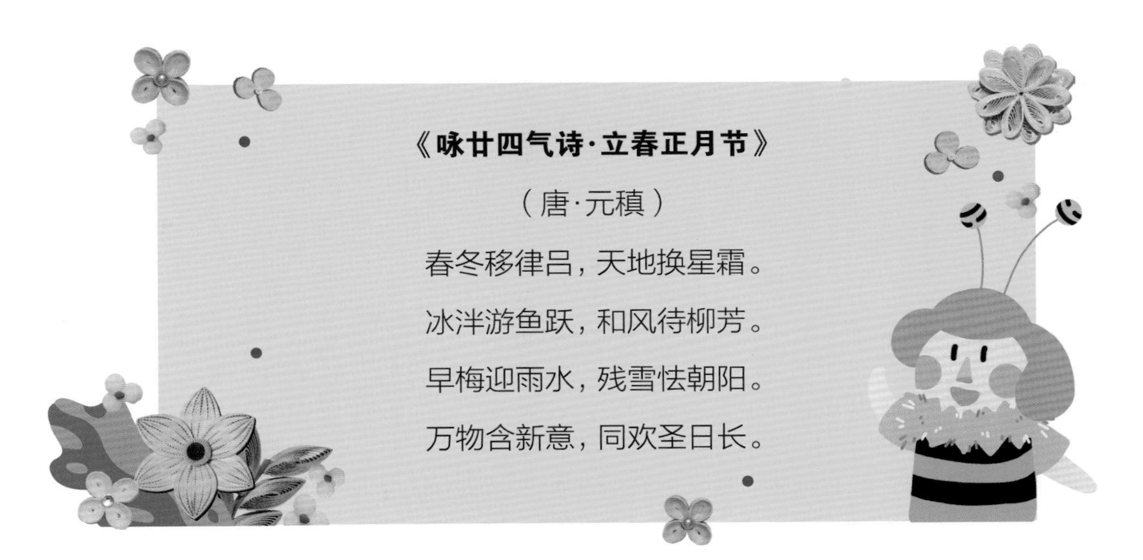

灯彩（上海灯彩）

第二批国家级非物质文化遗产名录（2008年）

灯彩起于秦汉、兴于隋唐、盛于元宋，明清时期开枝散叶，是汉民族“普天同庆”的艺术形式。由于民间灯彩流传广泛，所以不同地域的灯彩各有千秋。经过历代灯彩艺人的继承和发展，形成了丰富多彩的品种和高超的制作技艺。北方灯彩以几何圆形的宫灯闻名，江南一带灯彩侧重于用料和装饰的多变。

上海灯彩以生动的造型、艳丽的色彩、精巧的制作工艺闻名，是在都市环境中发展起来的一种新型灯彩，不仅材质有所更新，有麻、纱、丝绸、玻璃等，而且品种也更为丰富，有分撑棚灯、走马灯、宫灯、立体动物灯四大类型。

上海灯彩中的立体动物灯彩最为独特，传承人们以动物造型为骨架结构，运用搓、扎、剪、贴、裱、糊、描、绘等工艺扎制而成。用绢绸、绫缎做罩，金银丝边作装饰，既有雕塑般的造型，又有缤纷的色彩，装饰效果强烈，成为独特的江南灯彩流派。

1.《农家乐》上海灯彩局部

2. 上海豫园牛年新春民俗艺术灯会

3. 上海罗店彩灯传承人朱玲宝在制作立体龙灯

4. 上海罗店彩灯传承人朱玲宝讲解上海灯彩

请小朋友们一起来制作立春新年彩灯，

提上属于自己的福气彩灯，

共赴一场属于立春节气独有的灯会盛宴！

华灯初上

新年彩灯制作课程

制作彩灯的类型是没有硬质骨撑的无骨灯，小朋友们可以用硬纸折叠成几何形，再进行胶固形成灯体。灯面装饰着刻纸贴画，接通电源，灯光透过镂空的卡纸，呈现独特的光影效果。

课程材料：

花形纸膜 12 片、灯杆 1 个、双面胶 1 个、灯头垫片 1 个。

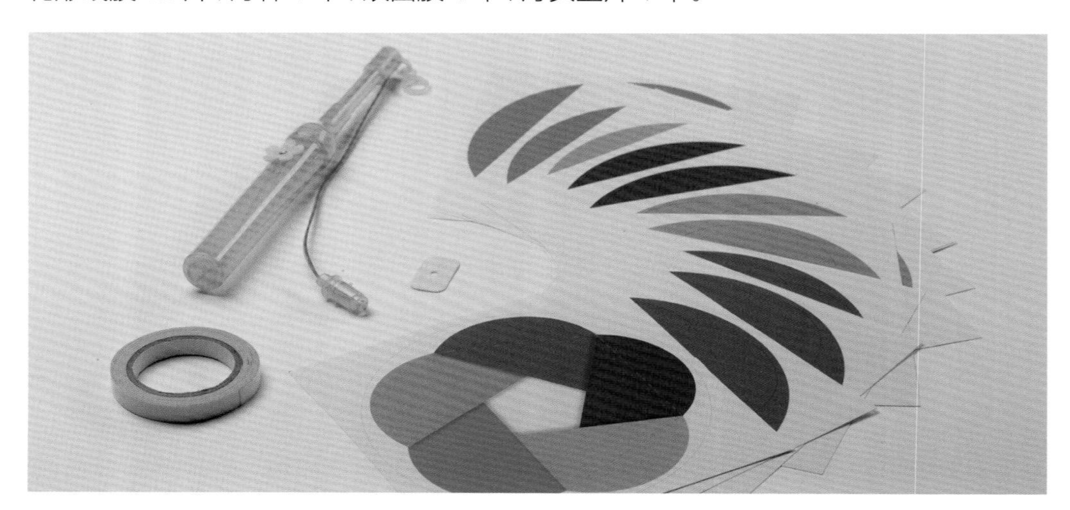

制作流程：

第一步：去除模切纸

将花形纸片取下，揭掉模切处的纸。

第二步：折叠花瓣虚线

将五彩的花瓣纸取出，并沿虚线处依次折叠花瓣。

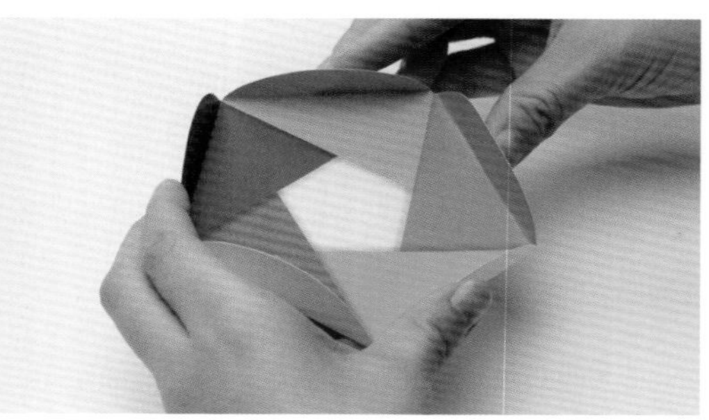

第三步：粘贴双面胶

在五彩花瓣折叠处的背面贴上双面胶。

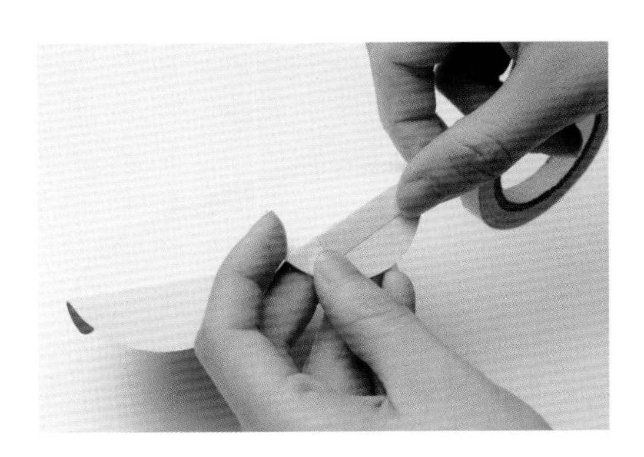

第四步：组合粘贴（一）

将五个花瓣按照对应颜色与五彩花瓣依次进行粘贴，组合成灯笼的上半部分。

第五步：组合粘贴（二）

取出刻有“福”字的花瓣作为灯笼的底部，按照上一步骤依次粘贴组合成灯笼的下半部分。

第六步：添加灯头

用剪刀在五彩花瓣的十字交叉处打孔，再将灯头由上至下穿入。

第七步：组装垫片

将垫片插入灯头的灯线中。

第八步：组装灯笼

将上下两个部分的灯笼粘贴起来，完成制作。

华灯初上

新年彩灯制作课程成果

雨水

春染知春

扎染画制作课程

春雨霖霖 春染知春

青碧蓝白 清水凝香

雨水是春季的第二个节气，在每年阳历 2 月 18 日至 20 日中的一天。雨水时节，气温回升、冰雪融化、降水增多。俗话说“春雨贵如油”，对于传统农耕文明来说，雨水时节的降雨对农作物的生长十分重要，因此要抓紧对越冬作物进行田间管理，做好选种、春耕、施肥等准备工作，以实现“春种一粒粟，秋收万颗籽”。

雨水分为三候：一候獭祭鱼，二候鸿雁来，三候草木萌动。意思是，雨水节气来临，水面冰块融化，水獭开始捕鱼了。水獭喜欢把鱼咬死后放到岸边依次排列，像是祭祀一般，所以有了“獭祭鱼”之说；雨水五日后，大雁开始从南方飞回北方；再过五日，草木开始抽出嫩芽。从此，大地渐渐开始呈现出一派欣欣向荣的景象。

有个成语叫“雨后春笋”，形容下雨后春笋都纷纷长出地面。“雨水”吃春笋，一来吃它的鲜嫩，二来也是取一个节节高升的好意头。“雨水”后的春笋长势凶猛，随后就老了，变成了竹子。

传说美丽的白族姑娘在春天的雨后坐在植物上，

裙子居然被染成了蓝色，

后来便出现了植物染，我们来体验一下吧！

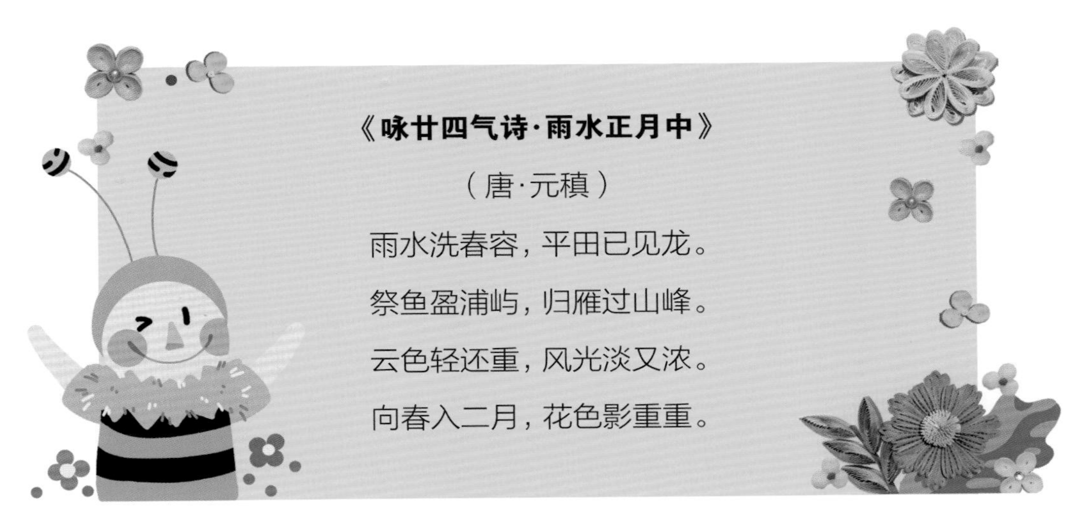

白族扎染技艺

第一批国家级非物质文化遗产名录（2006年）

扎染古称“绞缬”，是我国一种古老的纺织品染色技艺。大理白族自治州大理市周城村和巍山彝族回族自治县的大仓、庙街等地，至今仍保留着这一传统技艺，其中以周城白族的扎染业最为著名，被国家文化和旅游部命名为“民族扎染之乡”。据史书记载，东汉时期大理地区就有染织之法。近代以来，大理染织业继续发展，周城成为远近闻名的手工织染村。

扎染一般以棉白布或棉麻混纺白布为原料，染料主要是植物蓝靛（云南民间俗称板兰根），工艺主要步骤有画图案、扎花、浸泡、染布、蒸煮、晒干、拆线、碾布等，其中最为核心的为扎花和浸染工艺。

白族扎染品种多样，图案多为自然形成的小纹样，分布均匀，题材寓意吉祥。一千多种纹样是千百年来白族历史文化的缩影，折射出白族的民情风俗与审美情趣，具有较高的美学价值和实用功能，深受国内外消费者的好评。

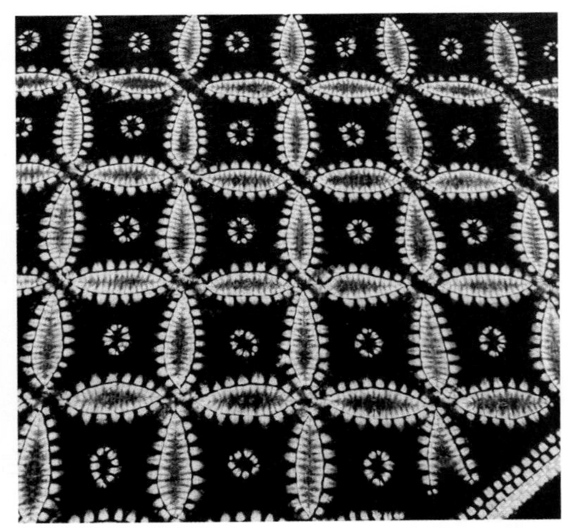

1. 白族扎染花草纹样
2. 白族扎染铜钱纹样
3. 白族扎染染后拆线过程
4. 大理白族扎染技艺国家级代表性传承人段银开

1	2
3	4

小朋友们，让我们一起来体验扎花的手法和

浸染工艺，在雨水增多的节气里，

感受水与美的交融吧！

春染知春

扎染画制作课程

通过三种不同的扎花方法来浸染制作图案，使小朋友们在多雨水的时节里学习白族扎染技艺，感受生活中不可缺少的水所带来的独特的魅力。

注意事项：

在染液中浸泡 10 分钟左右取出来氧化，刚取出来布料是绿色的，和空气接触之后慢慢变蓝，氧化过程大概 10 分钟。

课程材料：

画框 1 个、剪刀 1 把、木珠若干、线 1 卷、布料 2 块、蓝靛泥染料 100 克、食用碱 10 克、还原剂 25 克、一次性筷子 1 双、一次性手套 1 双。

制作流程：

第一步：蓝染快速发酵方法

1. 将 50 度左右的温水倒入碗中，水量为 750 毫升。
2. 将配好的碱全部倒入碗中，并搅拌至完全溶解。
3. 将袋中所有蓝靛泥倒入碗中搅拌均匀。
4. 加入还原剂，搅拌 2 分钟左右。
5. 调制好的染液静置 15 分钟左右，待染液变绿后方可进行染色。

第二步：捆扎

可以将大大小小的木珠包在布料中进行捆扎（如左图），也可以直接捆扎（如右图），不同捆扎方式呈现不同效果。

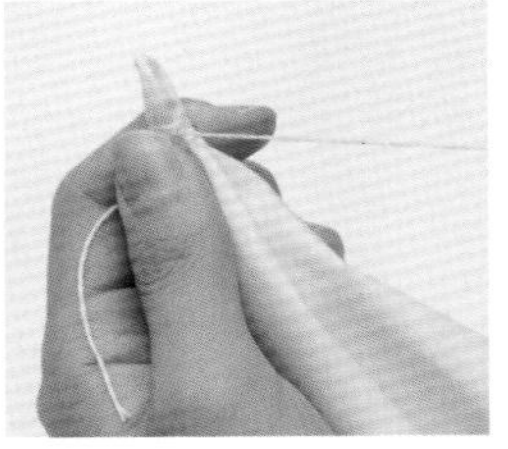

第三步：准备染色

捆扎好珠子之后可等待染色，也可以将多余的布料捆扎起来。

第四步：染前处理

用清水浸透布料后用力挤干水分，使布料更好上色。

第五步：染色

将染前处理过的布料完全放入染液中进行染色，时不时用筷子翻动一下，使染料尽量没过布料。

第六步：重复染色、氧化

将染 10 分钟后取出来氧化 10 分钟视为 1 遍。染色遍数多少取决于想要颜色的深浅，染的次数越多颜色越深，扎染的图案也会越清晰。通常会染 2 至 3 遍。

第七步：拆线

戴上一次性手套，用清水冲洗布料表面浮色，再用剪刀将线都拆掉，图案立即呈现。

第八步：冲洗晾晒

将拆卸好的布料用清水冲洗干净，多洗几次直到水完全透明为最佳。最后，晾晒干燥，熨烫平整。

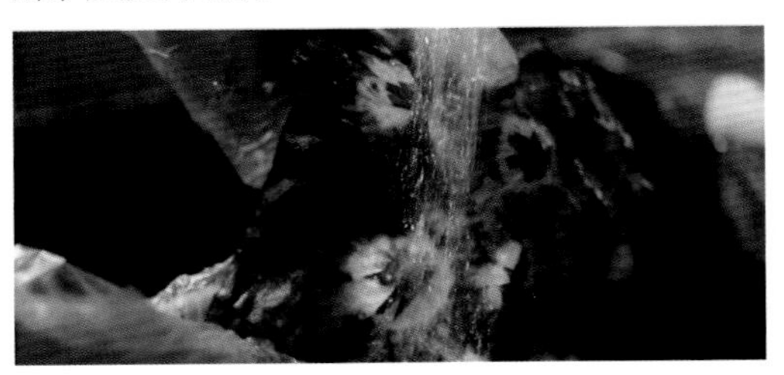

第九步：装裱画框

将熨烫平整的扎染布料装进实木画框中。

春染知春

扎染画制作课程成果

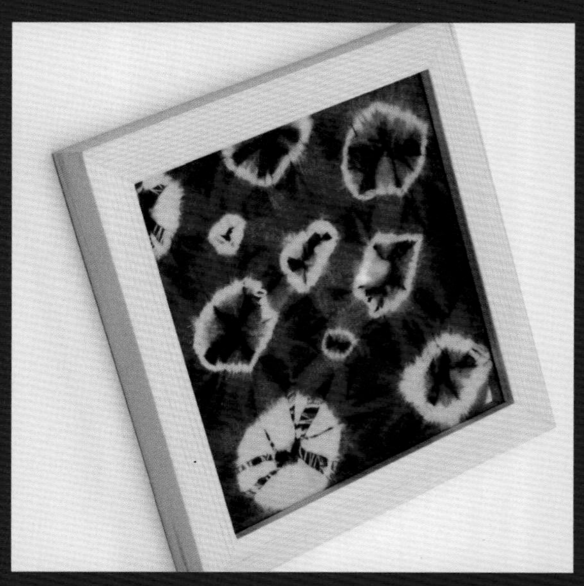

惊蛰

新年泥货

凤翔泥塑彩绘制作课程

惊蛰时节　春气萌动

春回大地　万物复苏

惊蛰，又名“启蛰”，是春季的第三个节气，也是春耕的开始，在每年阳历 3 月 5 日或 6 日。惊蛰反映的是自然界生物受节律变化影响而出现萌发生长的现象。“春雷惊百虫”就是指惊蛰时节，冷暖空气交替，春雷始鸣，惊醒蛰伏于地下越冬的蛰虫。惊蛰节气的标志性特征是春雷乍动、万物生机盎然。

惊蛰分为三候：一候桃始华，二候仓庚（黄鹂）鸣，三候鹰化为鸠。描述的是进入仲春后，桃花红、梨花白；黄莺鸣叫；天空中已看不到雄鹰的踪迹，只能听见斑鸠在鸣叫。

惊蛰的习俗：在南方“惊蛰吃梨”，意味着与害虫和疾病分离；在广东一带民间有“祭白虎化解是非”的说法，据称白虎为口舌之神，“祭白虎”便是祭拜绘有黄色黑斑纹的纸老虎。

春回大地，万物萌动，

小动物们也都热闹了起来，

让我们来看看传统的泥塑小动物们什么样的～

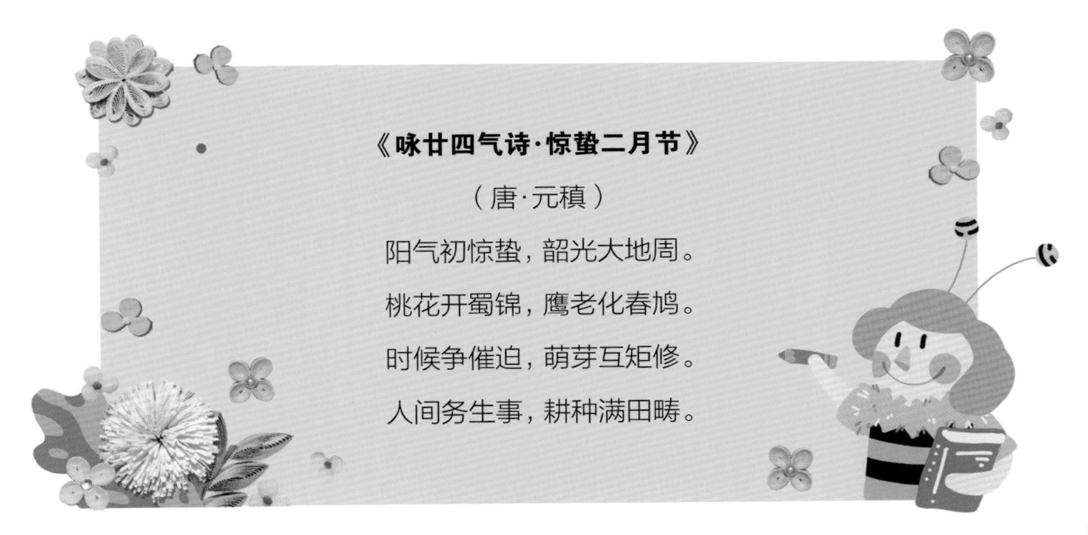

泥塑（凤翔泥塑）

第一批国家级非物质文化遗产名录（2006 年）

泥塑俗称“彩塑”，是一种中国民间传统美术。制作方法是在黏土里掺入少许棉花纤维，捣匀后，捏制成造型各异的泥坯，经过阴干，涂上底粉，再在上面进行彩绘。泥塑发源于宝鸡市凤翔县，流行于陕西、天津、江苏、河南等地。

凤翔彩绘泥塑有三大类型，第一种是泥玩具，以动物造型为主，多塑十二生肖形象；第二种是挂片，有脸谱、虎头、牛头、狮子头、麒麟送子、八仙过海等；第三种是立人，主要为民间传说及历史故事中的人物造像。

凤翔泥塑通过创作制模、翻坯、粘合成型，经过精抛、彩绘、勾线、装色、上光等数十道工序精制而成。泥塑形态粗犷夸张、简练概括、色彩大红大绿或素描，在全国众多的民间泥塑中独树一帜，深受人们喜爱。

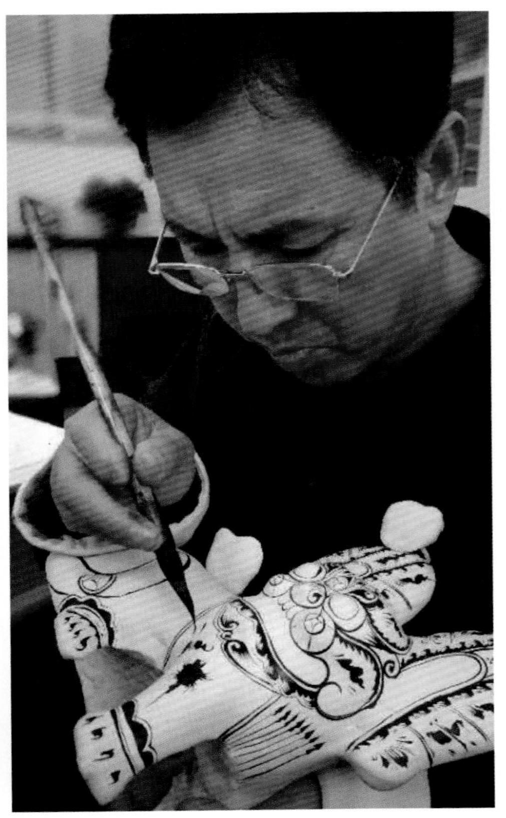

1. 十二生肖《猴》凤翔泥塑
2. 十二生肖《虎》凤翔泥塑
3. 凤翔泥塑国家级代表性传承人胡新明

1 | 2 | 3

请小朋友们一起动手，
给可爱的凤翔泥塑小动物上色吧！

新年泥货

凤翔泥塑彩绘制作课程

通过对泥塑彩绘的介绍，结合惊蛰节气的习俗特征，使小朋友们对凤翔泥塑以及惊蛰节气有所了解。启发创意思维，让大家能够体验彩绘乐趣，亲手做出属于自己的新年泥货。

注意事项：

1. 换颜色时一定用水把笔洗净，再用纸巾擦干，不然流水晕染影响成品效果。
2. 注意把握颜料的水分。

课程材料：

泥塑白模、颜料、尼龙画笔2支（排笔、勾线笔）、调色盘1个、涮笔筒1个 、纸巾若干。

制作流程：

第一步：上色点缀

找出需要上色的部位，先从浅色画起，（依照黄、桃红、绿、红的顺序）用排笔蘸取颜料涂抹均匀，再用勾线笔修整。

第二步：修改勾线

仔细检查画完的泥塑，颜色不均匀的地方再用同色画一遍，直到颜色均匀为止。最后用勾线笔勾画黑色线条，以免被色彩覆盖。

第三步：制作完成

将画好的泥塑彻底晾干。晾干时不能放在温度过高的地方。

新年泥货

凤翔泥塑彩绘制作课程成果

春分

春天花卉

木模戳印贺卡制作课程

花有信 风不误

木模戳印 岁岁春分

春分是春季的第四个节气，在每年阳历 3 月 19 日至 22 日中的一天。“春分者，阴阳相半也。故昼夜均而寒暑平”。书中记载“斗指壬为春分，约行周天，南北两半球昼夜均分，又当春之半，故名为春分”。

春分分为三候：一候玄鸟至，二候雷乃发声，三候始电。意思是，春分后，燕子从南方飞回来了，下雨时天空便要出现打雷和闪电的现象。

一场春雨一场暖，春雨过后忙耕田。春分的到来意味着春季大忙季节开始了，春管、春耕、春种即将进入繁忙阶段，越冬作物进入生长阶段。送春牛图、祭祀百鸟、粘雀子嘴等春分习俗，也都承载着人们对于农耕时节的期盼。

风有信，花不误，岁岁春分，永不相负，
这是花与春分许下的约定。石榴花开红似火，
模戳印花技艺让花儿岁岁常在。

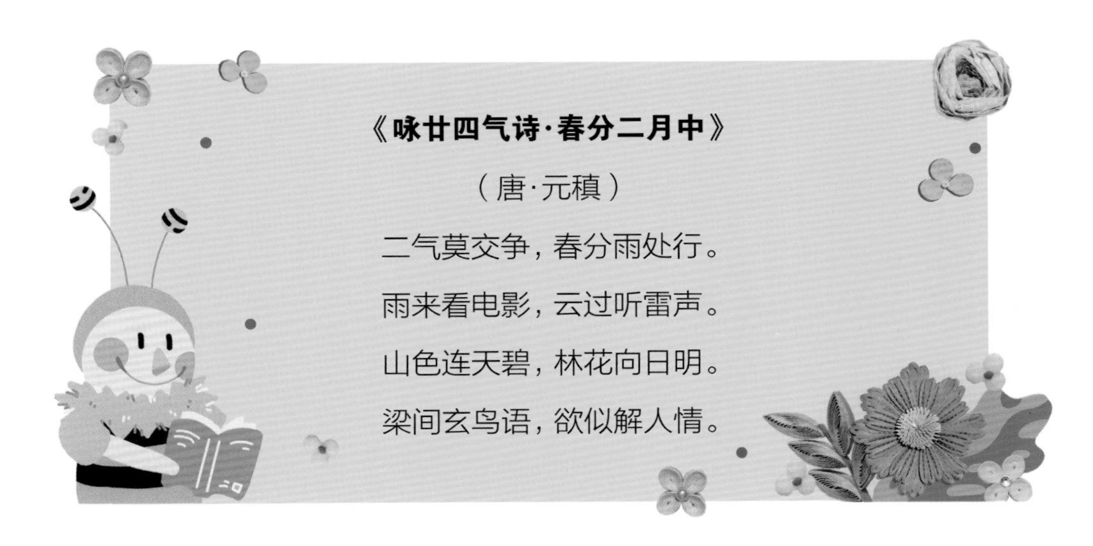

木模戳印技艺

第一批国家级非物质文化遗产名录（2006 年）

木模戳印技艺是维吾尔族印花布织染技艺中的重要种类，属于模戳多色印花。木模戳印的图案一般以花卉为主体纹样，搭配当地独有的藤本植物等纹样，具有独特的民族性和地域性。

木模戳印技艺的工艺流程首先是制作模具。将梨木、核桃木、沙枣木、杏木和桑木等木质坚硬的果木，按纹饰需要锯切成厚 4 厘米左右的几何形状木块，用刨子把木块刨平打光；然后按手工艺人的设计思路，将纹样雕刻在木块的立面，成为凹凸分明的图纹模具。

工艺流程的下一步就是戳印绘制。在布面上打几条墨线，防止图案走形；再将蘸有黑色染液的模戳放置于白布上，用木槌在模背上敲捶，黑色纹样便显现于白布上；待整体纹样形成后，再套捶其他颜色或用毛笔涂染彩色染料，制成多色印花布；最后经过水洗、晾晒完成整套工艺。

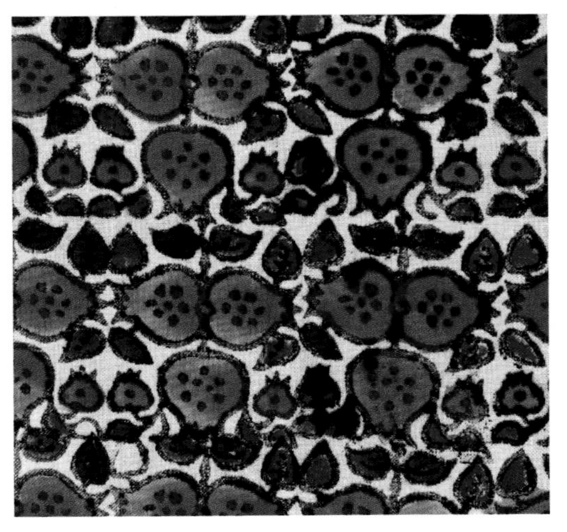

1. 木模戳印各类图案模具
2. 单色戳印过程
3. 木模戳印图案“石榴花”

1

2 | 3

春分到来，花卉盛开。

让我们一起来制作“春天花卉”木模戳印贺卡吧！

把春天装进卡片中，寄给你的好朋友！

春天花卉

木模戳印贺卡制作课程

石榴花开红似火，具有繁荣兴旺的寓意，象征着旺盛的生命力。将雕刻好的石榴花卉木模按照喜欢的排列组合戳印在贺卡上面，让小朋友们在创作中领略热情奔放的异域风情，同时传达美好的祝福之意。

课程材料：

木质印章 2 枚（组合花卉木质印章、石榴花木质印章各 1 枚）、印泥 2 个、贺卡 6 张、铅笔 1 支、尺子 1 把。

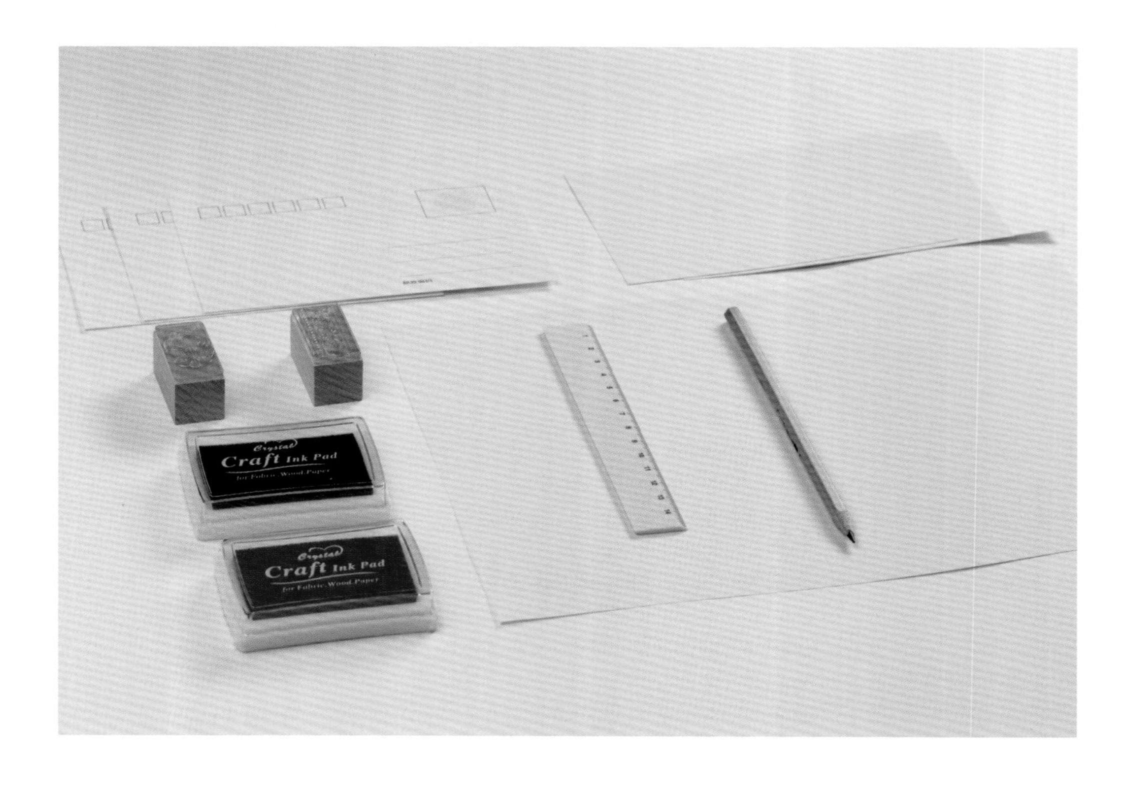

制作流程：

第一步：定外框

用尺子在纸上打好基础线，框出贺卡“组合花卉”外框范围，防止戳印图案走形。

第二步：构图

在空白贺卡上面用印章构画想要戳印的图案。

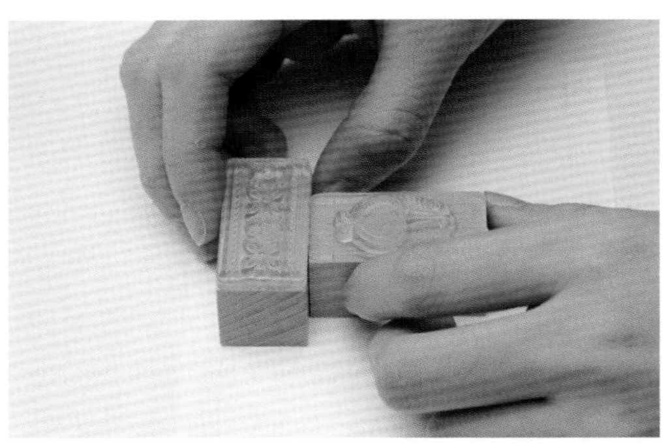

第三步：蘸取颜色

先戳印贺卡的外框纹样，选用“组合花卉”木质印章，将印章端正放于印泥上，蘸取颜色。

第四步：衔接处戳印

用白纸遮挡，戳印出斜边角。

第五步：戳印外框

按照基础线戳印完整的“组合花卉”外框。

第六步：戳印石榴花图案

选用“石榴花”木质印章，蘸取颜色后在外框内戳印石榴花图案。

春天花卉

木模戳印贺卡制作课程成果

清明

纸鸢漫舞

风筝彩绘制作课程

春和景明 杏花村在

放飞纸鸢 祈愿高飞

清明是春季的第五个节气，在每年阳历 4 月 4 日或 5 日。清明是气清景明的意思，这个时节我国南方地区已是气候清爽温暖，呈现春和景明之象；北方地区也陆续停止下雪，渐渐进入阳光明媚的春天。此时大地草木萌动、万物皆显，自然界呈现生机勃勃的景象。

清明分为三候：一候桐始华，二候田鼠化为鴽（rú），三候虹始见。意思是，在这个时节先是白桐花开放；接着喜阴的田鼠不见了，全回到了地下的洞中；雨后的天空也可以见到彩虹了。

如今在二十四个节气中，既是节气又是节日的只有清明。清明的习俗丰富，扫墓祭祖与踏青郊游是两大主题。与踏青郊游有关的习俗为：荡秋千、放风筝、蹴鞠、插柳等。

清明踏青郊游，放风筝最受欢迎啦，
你们知道风筝是如何制作的吗？

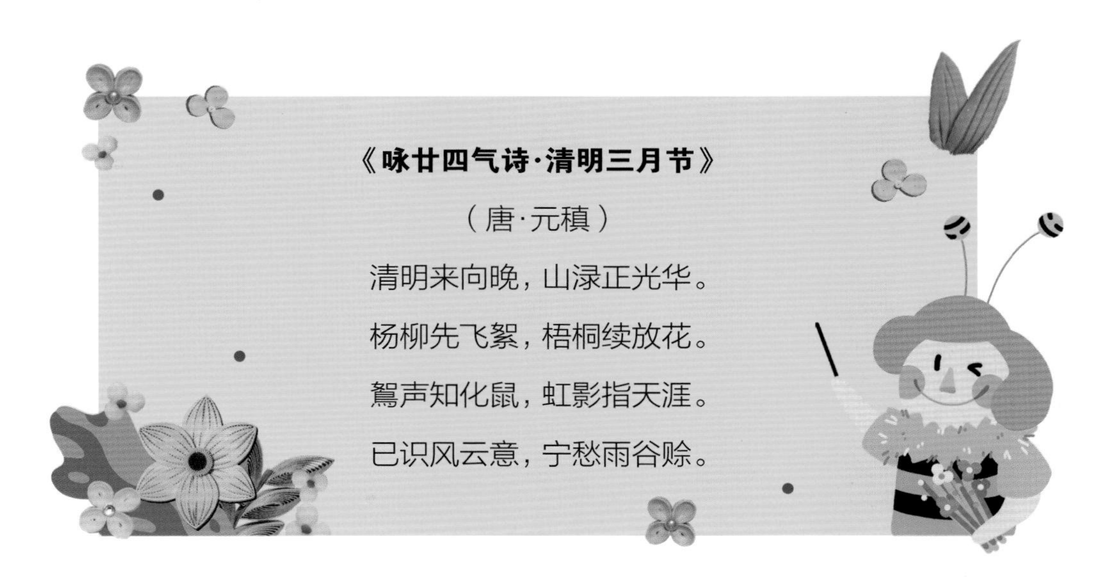

《咏廿四气诗·清明三月节》

（唐·元稹）

清明来向晚，山渌正光华。
杨柳先飞絮，梧桐续放花。
鴽声知化鼠，虹影指天涯。
已识风云意，宁愁雨谷赊。

风筝制作技艺（潍坊风筝）

第一批国家级非物质文化遗产名录（2006 年）

风筝是中国古代劳动人民于春秋时期发明的，相传墨翟以木头制成木鸟，是人类最早的风筝起源。后来鲁班用竹子改进墨翟的风筝材质，直至东汉时期，蔡伦改进造纸术后，才开始用纸做风筝，称为“纸鸢”。风筝最初的作用是传递信息，后来直到宋朝放风筝才成为人们喜爱的户外活动。

潍坊也称鸢都，由此可见潍坊制作风筝悠久的历史。潍坊风筝兴于明初的杨家埠村，那时村民已有木版年画的刻印技术，利用每年春天的空余时间，用印年画的纸张、颜料，绘制出各种图案，扎制风筝。起初仅自娱自乐或馈赠亲朋好友，后逐渐发展为商品。

潍坊风筝最初以板子风筝为主，后逐步形成了以硬翅风筝为主，以长串蜈蚣为最（最长可达 360 多米）、以软翅风筝为巧、以筒子风筝为奇的造型系列。形象简练，色彩鲜艳，对比强烈，是工艺与美术的结合，寄托着吉庆，也传达着人们对美好生活的向往。

1. 单色潍坊风筝
2. 潍坊风筝《比翼燕》表示同心共结连理
3. 彩色潍坊风筝
4. 传承人正在扎制风筝骨架

1	2
3	4

让我们也来做一个风筝吧！

拂着春风，迎着暖阳，

手牵引线，放飞纸鸢，放飞美好！

纸鸢漫舞

风筝彩绘制作课程

风筝纸面上设计了清明“牧童遥指杏花村”的场景，小朋友们可以用颜料在上面绘出属于自己的清明时节，随后进行扎骨架、糊纸面的制作。课程将传统技艺与绘画相结合，让大家动手体验，放飞风筝，祈愿高飞。

课程材料：

竹制风筝骨架 1 套、风筝纸面 1 张、风筝手柄、风筝线、丙烯绘画颜料 6 色、尼龙画笔 1 支。

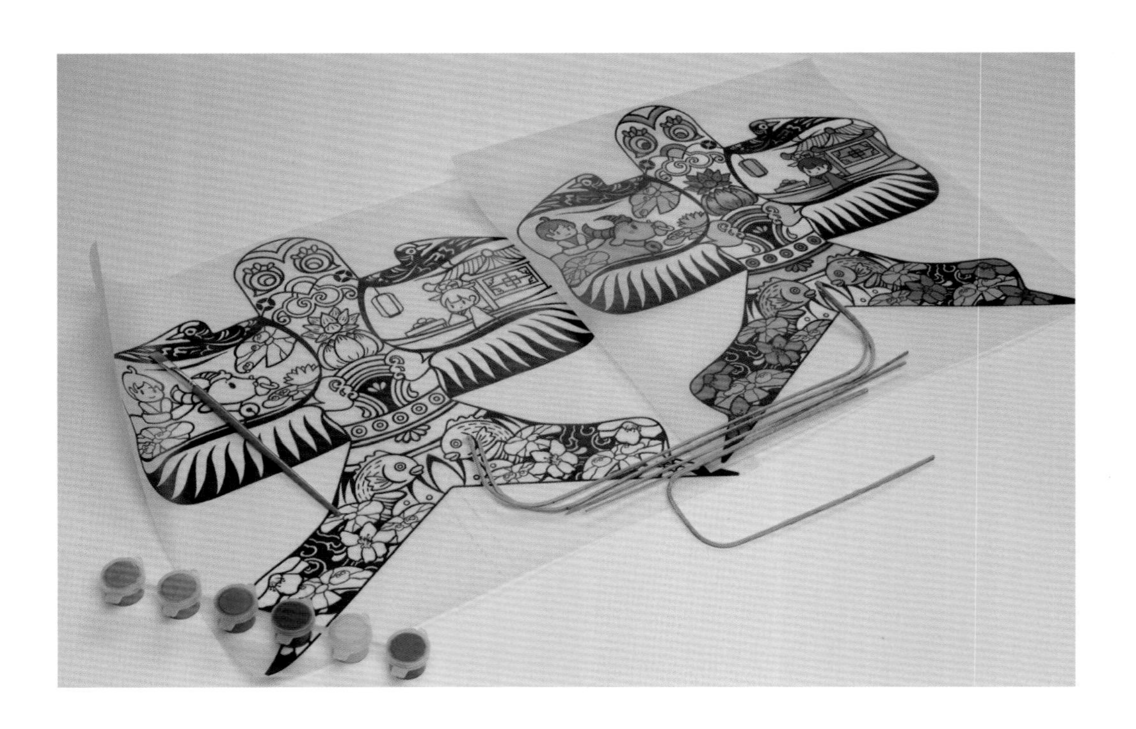

制作流程：

第一步：将风筝剪下

沿着风筝纸面上的边缘把风筝剪下。

第二步：上色

细致地给纸面上的图案上色。

第三步：组装

用胶水把骨架固定在风筝纸面的背后。

第四步：放飞

系上风筝线，放飞风筝。

纸鸢漫舞

风筝彩绘制作课程成果

谷雨

风调雨顺

小白龙纸翻花制作课程

雨生百谷 白龙信俗
祭祀祈愿 风调雨顺

谷雨是春季的第六个节气，在每年阳历 4 月 19 日至 21 日中的一天。“清明断雪，谷雨断霜”，谷雨节气的到来意味着寒冷天气基本结束，气温回升加快。谷雨节气后降雨增多，雨生百谷。雨量充足而及时，谷类作物茁壮成长。谷雨时节的南方地区，“杨花落尽子规啼”，柳絮飞落，杜鹃夜啼，牡丹吐蕊，樱桃红熟，自然景物告示人们，时至暮春了。

谷雨分为三候：一候萍始生，二候鸣鸠拂其羽，三候为戴胜降于桑。意思是，谷雨后降雨量增多，浮萍开始生长；接着布谷鸟便开始提醒人们播种了；然后是桑树上开始见到戴胜鸟。

谷雨的习俗有“喝谷雨茶”，在谷雨这天采鲜茶叶，制成茶叶；“赏牡丹”，谷雨三朝看牡丹；“吃春”，谷雨前后，香椿醇香爽口，营养价值高，故有“雨前香椿嫩如丝”之说，因此人们在谷雨采摘、食用香椿。

雨生百谷，古时候人们通过一系列民俗活动
祈愿风调雨顺，农业丰产，
让我们一起来看看上海金山小白龙信俗吧！

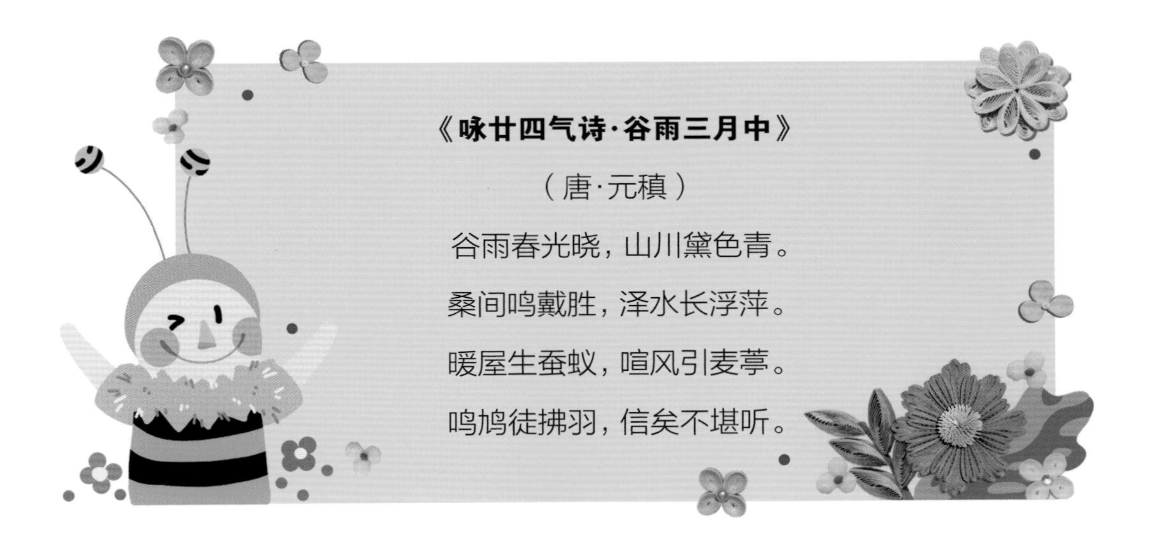

小白龙信俗

第五批国家级非物质文化遗产名录（2021 年）

小白龙信俗历史悠久，在《中国民间故事全书·上海金山卷》等图书资料中记录了当地流传的民间传说，相传某年的农历三月初三，小白龙因故下凡到“白龙洞”中修炼，保护着周边地区的农事和百姓的生产生活。从此，小白龙这种“除恶扬善、坚持正义、团结友爱”的精神融入当地百姓的生产生活中。

在代代沿承相传中，形成了在每年农历三月初三举办小白龙信俗活动的惯例，呈现了浓郁地方特色的饮食和生活习惯，至今已有 500 多年的历史。除此之外，上海金山地区的百姓逢年过节都要舞“小白龙”、做“白龙糕”、吃“白龙糕”、剪“小白龙”纸、贴“小白龙”窗花、做“小白龙”鞋等；学校设有此类舞龙和剪纸课程；金山区吕巷镇市政景观，寺庙的屋檐、柱子等处都雕有龙的各色形态。

小白龙信俗以地方传说为依托，融合了中华民族对龙的信仰，以祭祀仪式、神灵巡游、舞小白龙的系列形式呈现，表达了当地民众对风调雨顺、农业丰产的期盼。

1. 小白龙吕巷镇舞龙队
2. 小白龙农田视察巡游
3. 小白龙舞台展演

让我们一起来制作一条小白龙，

感受民间信俗的魅力！

风调雨顺

小白龙纸翻花制作课程

以小白龙信俗为主题，小朋友们可通过逐步的剪裁、拼装、粘贴等步骤，制作一条生动有趣、可舞动的小白龙。感受上海金山地区民间通过舞小白龙祈求风调雨顺、国泰民安、安居乐业的朴素愿望。

注意事项：

1. 沿卡纸黄色虚线处剪开，可以剪出 0.5mm 的卡槽宽度，方便后面组装。
2. 将两个卡片组装处卡到位，确保结构的稳定。

课程材料：

零件卡纸 2 张、木棍 2 根、纸翻花 3 个、双面胶 1 卷、铁丝 1 根、铃铛 1 个。

制作流程：

第一步：裁剪

用剪刀将卡纸上的零件沿着轮廓全部剪下。

第二步：串铃铛

用铁丝串起铃铛，将铃铛如下图穿入卡纸，并在卡纸下方螺旋式拧紧固定。

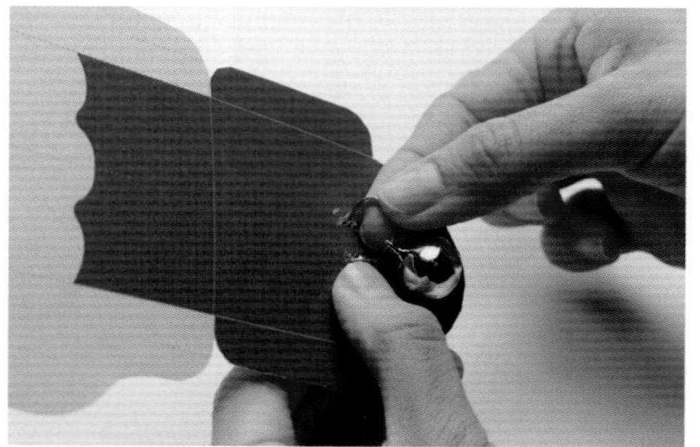

第四步：裁剪实线，折叠虚线

剪开所有的黑色实线并折叠黑色虚线。

第五步：粘双面胶

在卡纸的黄色色块处粘贴双面胶。

第六步：拼装

如图先拼装下图零件。

第七步：粘贴

撕开三处双面胶，如图粘贴固定。

第八步：贴龙须

按照下图将所有的零件拼装完成，最后把龙须粘贴在龙鼻两侧，龙头部分就制作完成了。

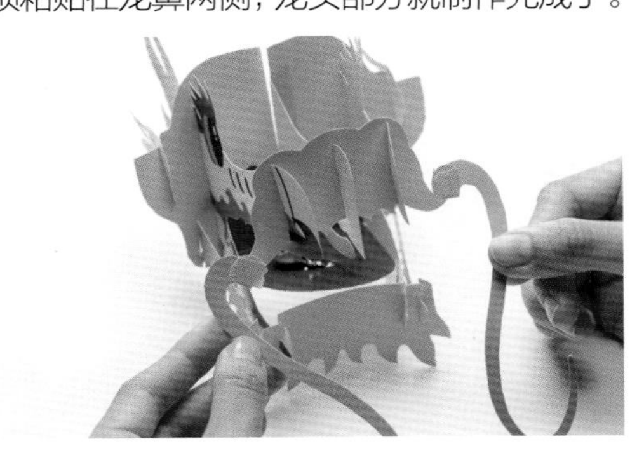

第九步：粘贴木棍

在龙头后用双面胶固定木棍。

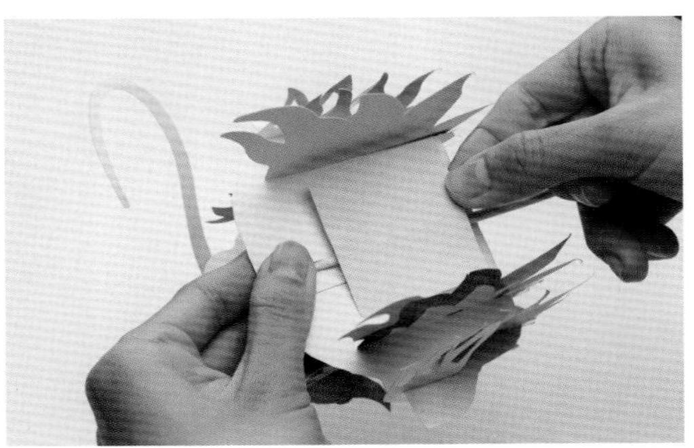

第十步：粘贴纸翻花

将纸翻花如图摆放并粘贴在龙头后。

第十一步：粘贴龙尾

用双面胶把龙尾面对面贴好，再用双面胶固定另一根木棍，固定好后粘贴在纸翻花上。

风调雨顺

小白龙纸翻花制作课程成果

后记

二十四节气非遗美育课程，是上海市公共艺术协同创新中心（PACC）自2015年来为中小学生研发的传统工艺轻体验课程。课程最初来源于PACC联合主办的“上海国际手造博览会”美育工坊课程，研发主体是上海大学上海美术学院创新设计专业的研究生，研发过程获得了大量非遗传承人群、城市手工设计师和文化机构的帮助。六年来，此课程在非遗进学校、进社区、进美术馆等社会服务中不断完善，逐步成熟，荣获国家教育部和四川省人民政府主办的2021年全国第六届大学生艺术展演活动“高校美育改革创新优秀案例一等奖”。

中国的非遗传承事业，不仅需要非遗传承人和文化机构的努力，更需要公众建立起对非遗的认知，特别是要让孩子们喜欢非遗。本教材甄选二十四项中国传统工艺，在二十四个节气更替之际，让孩子们根据教材居家制作体验，既有动手的无限乐趣，又有中国传统文化的仪式感，让孩子们感悟传统工艺的智慧和美学，理解中国传统文化。

本教材获得上海市文教结合项目的支持。衷心感谢在编写过程中给予帮助的专家学者、非遗传承人、城市手工设计师、文化机构，感谢为课程研发努力付出的上海大学上海美术学院研究生们，感谢上海教育出版社的大力支持。希望能在非遗传承中撒播文化自信的种子。

章莉莉

2023年4月